团体标准

污染地块竖向阻隔效果评估技术标准

Technical standard for verification of vertical barriers at contaminated sites

T/SHDZ 003—2025

主编单位：上海市地矿工程勘察(集团)有限公司
东南大学
上海亚新城市建设有限公司
批准部门：上海市地质学会
江苏省地质学会
施行日期：2025 年 7 月 10 日

同济大学出版社

2025 上海

图书在版编目(CIP)数据

污染地块竖向阻隔效果评估技术标准 / 上海市地矿工程勘察(集团)有限公司，东南大学，上海亚新城市建设有限公司主编. --上海：同济大学出版社，2025.7.

ISBN 978-7-5765-1604-3

Ⅰ. X53-65

中国国家版本馆 CIP 数据核字第 2025N39V14 号

污染地块竖向阻隔效果评估技术标准

上海市地矿工程勘察(集团)有限公司
东南大学 **主编**
上海亚新城市建设有限公司

责任编辑 朱 勇
责任校对 徐逢乔
封面设计 陈益平

出版发行 同济大学出版社 www.tongjipress.com.cn
(地址：上海市四平路 1239 号 邮编：200092 电话：021-65985622)
经 销 全国各地新华书店
印 刷 苏州市古得堡数码印刷有限公司
开 本 889mm×1194mm 1/32
印 张 2.25
字 数 56 000
版 次 2025 年 7 月第 1 版
印 次 2025 年 7 月第 1 次印刷
书 号 ISBN 978-7-5765-1604-3
定 价 30.00 元

上海市地质学会文件

沪地会标〔2025〕3 号

关于发布《污染地块竖向阻隔效果评估技术标准》的公告

根据《关于〈污染地块竖向阻隔效果评估技术标准〉团体标准立项通知》（沪地会研〔2024〕2 号）和《苏沪两地地质类团体标准合作协议》的要求，由上海市地矿工程勘察（集团）有限公司、东南大学、上海亚新城市建设有限公司等单位编制的《污染地块竖向阻隔效果评估技术标准》，经沪苏两地学会组织审查，现批准发布，标准编号为 T/SHDZ 003—2025，自 2025 年 7 月 10 日起实施。

上海市地质学会

2025 年 6 月 30 日

江苏省地质学会文件

苏地会〔2025〕24号

关于发布《污染地块竖向阻隔效果评估技术标准》团体标准的公告

各理事单位、会员单位、分支机构：

根据《苏沪两地地质类团体标准合作协议》和《江苏省地质学会团体标准管理办法》的要求，由上海市地矿工程勘察（集团）有限公司、东南大学、上海亚新城市建设有限公司等单位编制的《污染地块竖向阻隔效果评估技术标准》，经沪苏两地学会组织审查，现批准发布，标准编号为T/SHDZ 003—2025，自2025年7月10日起实施。

江苏省地质学会

2025年6月30日

前　言

本标准根据上海市地质学会《关于〈污染地块竖向阻隔效果评估技术标准〉团体标准立项通知》(沪地会研〔2024〕2号)和《苏沪两地地质类团体标准合作协议》的要求，由上海市地矿工程勘察(集团)有限公司、东南大学和上海亚新城市建设有限公司等单位编制完成。

编制组总结了国内污染地块竖向阻隔技术设计、施工、验收及效果评估的理论及工程实践，参考了国内外有关标准，围绕污染地块竖向阻隔效果评估的主要技术问题，进行了科学研究与试验验证，在广泛征求有关单位和专家意见的基础上，编制了本标准。

本标准共分为9章和5个附录，主要内容包括总则、术语、基本规定、更新地块概念模型、工作布置、采样与试验、效果评估、后期环境监管建议、效果评估报告及附录A～E。

各有关单位和人员在执行本标准过程中，如有意见和建议，请反馈至上海市地质学会(地址：上海市宝山区环镇南路522号地矿大厦B座7楼；邮编：200436；E-mail：shdzxh522@163.com)，江苏省地质学会(地址：江苏省南京市珠江路700号地质大厦；邮编：210018；E-mail：sdzxh706@163.com)，上海市地矿工程勘察(集团)有限公司(地址：上海市宝山区环镇南路522号B座6楼；邮编：200436；E-mail：yaxinjs@sgeeg.com)，以供今后修订时参考。

主 编 单 位：上海市地矿工程勘察(集团)有限公司
东南大学
上海亚新城市建设有限公司

参 编 单 位:上海市环境科学研究院
江苏省环境科学研究院
生态环境部南京环境科学研究所
中国科学院南京土壤研究所
上海市自然资源调查利用研究院
江苏省地质调查研究院
同济大学
华东理工大学
东华大学
上海大学
中国矿业大学
东华理工大学
江苏叁山生态环境发展有限公司
上海隽誉勘察设计有限公司

主 要 起 草 人:章长松 刘志彬 臧学轲 屠越栋 朱火根
葛 佳 叶 鹏 杨 洁 王 水 张胜田
宋 静 崔 航 潘子安 刘金宝 许伟伟
龚 靖 雷佳祥 袁家余 王俊智 吴金红
王小清 花思雨 卞馨怡 刘珺珺 李家俊
陈洪阳 吕树光 陈宏信 陈纪赛 薛 罡
武亚军 闫 浩 乔亚宁 陈 辉 刘忠斌
于海涛 李 梅 刘 玲 马苏琰 宋刚练
廖志坚 钱 骏 陈大勇 李 晖 陈彩梅
陈遂纾 郑铭慧 何偏偏 鹿亮亮

主 要 审 查 人:严学新 李 芸 刘建东 曹心德 单艳红
付融冰 尧一骏

上海市地质学会 江苏省地质学会
2025 年 6 月

目　次

Contents

1 总 则

1.0.1 为规范污染地块竖向阻隔效果评估工作的程序、方法和技术要求等，制定本标准。

1.0.2 本标准适用于污染地块的竖向阻隔效果评估，不适用于涉及放射性或致病性生物污染地块的竖向阻隔效果评估。

1.0.3 污染地块竖向阻隔效果评估除应符合本标准的规定外，还应遵循国家现行有关标准的规定。

2 术 语

2.0.1 污染地块 contaminated site

按照国家或地方技术规范确认污染物浓度超过有关土壤与地下水污染风险管控标准的地块。

2.0.2 目标污染物 target contaminant

在地块环境中数量或浓度已达到对人体健康和环境具有实际或潜在不利影响的,需要进行风险管控的污染物。

2.0.3 竖向阻隔屏障 vertical barrier

用于阻止污染物向周边环境迁移扩散的地下竖向阻隔体。

2.0.4 地块概念模型 conceptual site model

用文字、图、表等方式来综合描述地块水文地质与工程地质条件、污染源、污染物迁移途径、人体或生态受体接触污染介质的过程和接触方式等。

2.0.5 含水层 aquifer

能够透过并给出相当数量水的岩层或土层。

2.0.6 隔水层 aquitard

不能透过或给出水,或者透过或给出的水量微不足道的岩层或土层。

2.0.7 钻孔注水试验 water injection test in borehole

通过钻孔直接向试验段注水,以确定阻隔屏障渗透系数的原位试验方法,可分为常水头和降水头注水试验。

2.0.8 钻孔压水试验 water pressure test in borehole

用栓塞将钻孔隔离出一定长度的孔段,根据一定时间内压入水量和施加压力大小的关系确定塑性混凝土和混凝土阻隔屏障透水性的一种原位渗透试验。分段隔离可采用单栓塞隔离或双栓塞分段隔离两种方式。

2.0.9 连通抽水试验 connected pumping test

用于检测竖向阻隔屏障内外地下水连通情况的现场试验。

2.0.10 工程物探检测 engineering geophysical detection

利用工程物探技术，通过分析观测到的物理场，探查阻隔屏障连续性与完整性的原位检测方法。

2.0.11 竖向阻隔效果评估 verification of vertical barriers

通过资料回顾和踏勘访谈、布点采样、现场测试与实验室检测，综合评估竖向阻隔屏障是否达到预期效果。

3 基本规定

3.0.1 竖向阻隔效果评估应在阻隔屏障施工质量合格的基础上进行，阻隔效果评估单位应在核查施工质量相关资料无误后方可进入效果评估环节。

3.0.2 应根据竖向阻隔屏障类型，从屏障工程性能指标和污染物指标两个方面对阻隔效果进行评估。

3.0.3 污染地块竖向阻隔效果评估应在竖向阻隔屏障施工完成1年内开展。

3.0.4 污染地块竖向阻隔效果评估的工作内容应包括更新地块概念模型、工作布置、采样与试验、效果评估、提出后期环境监管建议、编制效果评估报告。具体工作流程见图3.0.4。

3.0.5 污染地块竖向阻隔屏障效果评估过程应避免对阻隔屏障造成损害、对环境产生不利影响，同时应保障作业人员健康安全。

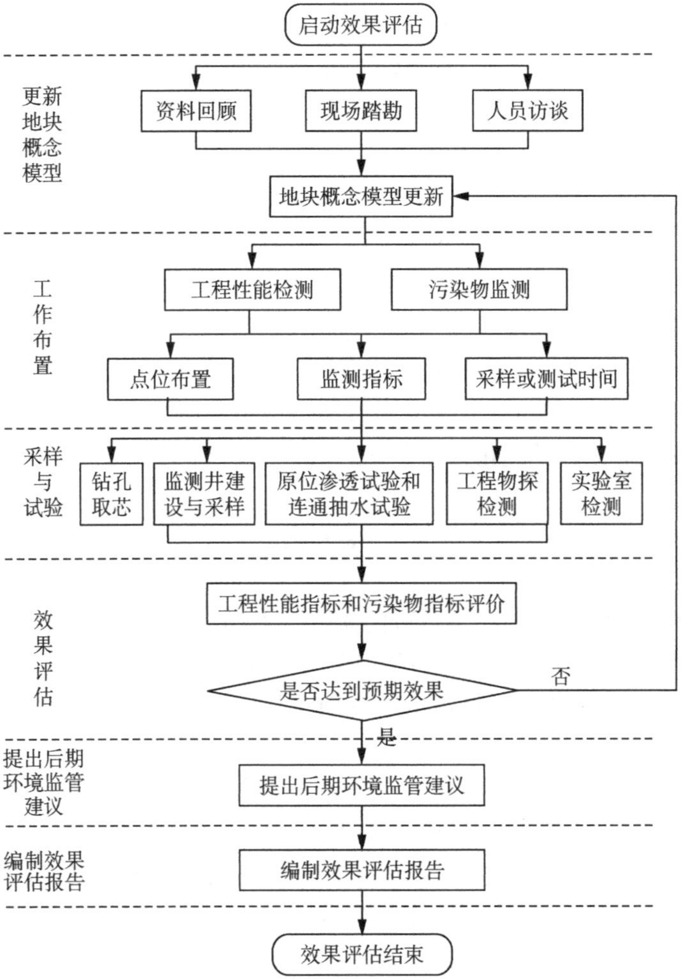

图 3.0.4 污染地块竖向阻隔效果评估工作流程

4 更新地块概念模型

4.1 一般规定

4.1.1 应基于资料收集、现场踏勘与人员访谈，结合地块的水文地质与工程地质条件、污染物空间分布、竖向阻隔工程情况、管控过程监测数据等，更新地块概念模型。

4.1.2 若发现新的污染源或污染范围扩大等情况，应及时更新地块概念模型并优化管控方案。

4.2 资料回顾

4.2.1 资料回顾应了解竖向阻隔的工程概况和施工情况。

4.2.2 资料回顾清单应包括但不限于以下内容：

1 前期调查资料包括地块勘察与污染状况调查报告、风险评估报告等。

2 工程设计资料包括污染地块风险管控方案、竖向阻隔工程设计方案、施工组织设计资料及工程施工专项方案等。

3 工程施工资料包括施工原材料的质量检测资料、施工过程中施工质量控制记录、施工与运行过程中监测数据、实施方案变更协议、监理记录和监理报告、工程竣工报告、施工管理文件、施工质量检测报告等。

4 效果评估所需的其他相关资料。

4.3 现场踏勘与人员访谈

4.3.1 现场踏勘应重点核查竖向阻隔屏障的施工搭接处理、竖向阻隔屏障宽度、竖向阻隔屏障实施前后水文地质条件变化等；同时可关注屏障周边建(构)筑物、地下管线分布及地表沉降趋势等环境变化情况。

4.3.2 访谈对象应包括地块责任单位、地块调查单位、地块风险评估单位、地块风险管控方案编制单位、监理单位、施工单位、周边居民和企业员工等相关人员。

4.3.3 调查人员应通过照片、视频、录音、文字等方式，记录现场踏勘与人员访谈情况，记录表格式参见本标准附录A。

4.4 地块概念模型更新

4.4.1 应基于资料回顾、现场踏勘、人员访谈情况，对地块概念模型进行更新，完善地块竖向阻隔实施后的概念模型。

4.4.2 地块概念模型更新应包括但不限于以下信息：

1 地块风险管控情况：管控起始时间、管控范围、管控目标、竖向阻隔设计参数、管控过程的监测数据、技术调整和运行优化等。

2 目标污染物情况：目标污染物原始浓度、运行过程中的浓度变化、污染物空间分布特征的变化等。

3 水文地质与工程地质条件：竖向阻隔屏障实施前后水文地质与工程地质条件的变化、土壤理化性质变化等。

4 潜在受体与周边环境情况：竖向阻隔屏障实施后污染介质与受体的相对位置关系、受体的关键暴露途径等。

4.4.3 更新后的地块概念模型应作为确定效果评估对象、评估范围、采样时间点、采样点设置等的依据，具体见本标准附录B。

5 工作布置

5.1 一般规定

5.1.1 竖向阻隔效果评估工作布置应按竖向阻隔屏障类型合理选择工程性能检测方法，根据污染场地条件与污染特征合理确定污染监测指标。

5.1.2 竖向阻隔效果评估可增加地下水水位、地下水流速、地球化学参数等作为辅助判断依据。

5.2 工程性能检测

5.2.1 工程性能检测指标应包括抗压强度、渗透性能、屏障均匀性、连续性与完整性等。

5.2.2 工程性能检测方法包括钻孔取(芯)样和原位测试，可增加工程物探进行连续性与完整性初步检测。

5.2.3 工程性能检测的取样和测试应在施工完成后不少于 28 d 开展。

5.2.4 采用钻孔取芯样检测阻隔屏障的抗压强度、渗透性能、屏障均匀性、连续性与完整性时，取芯孔位置和深度应结合场地地层特性与阻隔屏障施工工艺进行确定。钻孔取芯点位布置和数量应符合表 5.2.4 的相关规定，取芯孔深度应达到竖向阻隔屏障的设计深度。

表 5.2.4 钻孔取芯点位布置和数量

序号	竖向阻隔屏障类型		孔位布置	取芯数量
1	开挖-回填阻隔屏障	膨润土系阻隔屏障(原位土-膨润土)	取芯孔数量应沿水平向每 40 m 布 1 个,且不少于 3 个	每个取芯孔应在墙身不同深度处取不少于 3 组芯样,每组不应少于 3 件芯样
		水泥系阻隔屏障(水泥土、原位土-水泥-膨润土、水泥-膨润土)	取芯孔数量应沿水平向每 50 m 布 1 个,且不少于 3 个	
2	注浆、喷浆阻隔屏障	渗透(压力)注浆阻隔屏障	取芯孔数量应不少于注浆孔总数的 10%,且不少于 5 个	在墙身不同深度处取不少于 3 组芯样,每组不少于 3 件芯样
		高压喷射注浆阻隔屏障	取芯孔数量应不少于总桩数的 1%,且不少于 3 个	每根桩的取芯数量不宜少于 5 组,每组不少于 3 件芯样
3	深层搅拌阻隔屏障	三轴(双轴)搅拌水泥土阻隔屏障	取芯孔数量应不少于总桩数的 1%,且不少于 3 个	每根桩的取芯数量不宜少于 5 组,每组不少于 3 件芯样
		渠式切割水泥土阻隔屏障	取芯孔数量应沿水平向每 100 m 布 1 个,且不少于 3 个	
		铣削深层搅拌水泥土阻隔屏障	取芯孔数量应不少于单元墙体总幅数的 2%,且不少于 3 个	每个取芯孔应在墙身不同深度处取不少于 3 组芯样,每组不少于 3 件芯样
4	塑性混凝土阻隔屏障		取芯孔数量应沿水平向每 50 m 布 1 个,且不少于 3 个	每个取芯孔应在墙身不同深度处取不少于 3 组芯样,每组不少于 3 件芯样
5	复合阻隔屏障(土工膜复合阻隔屏障、钠基膨润土防水毯复合阻隔屏障)		墙体部分工程性能指标检验应根据相应的墙体类型进行检测	

5.2.5 采用钻孔注(压)水试验检测阻隔屏障渗透性能时,宜结合墙体搭接等薄弱处的取芯钻孔进行测试,测试孔数量不少于取芯孔数量的 1/3,且不应少于 3 个。

5.2.6 当阻隔屏障深度达到隔水层时,宜采用连通抽水试验检测屏障的连续性与完整性。试验时,应在竖向阻隔屏障内、外侧成对布设抽水井与监测井,井与竖向阻隔屏障的距离不宜超过 10 m,且不应少于 3 组井,每组井间距为 50 m～150 m;抽水井的深度应根据地块地质条件、阻隔屏障深度综合确定,但不应钻穿隔水层。

5.3 污染物监测

5.3.1 污染物监测点位布置应符合下列规定:

1 污染物监测井应结合场地地下水流向、污染区域和阻隔屏障位置合理布设,监测井的布置和数量应符合表 5.3.1 的相关规定。

表 5.3.1 监测井布置和数量

上、下游关系	竖向阻隔区域		
明显	上游	两侧	下游
	至少 1 个	至少各 1 个	屏障长度<40 m,至少 1 个 屏障长度≥40 m,至少 2 个
不明显	四周至少各 1 个		

2 监测井应在阻隔屏障薄弱处布设,与阻隔屏障的垂直距离不宜超过 10 m。

3 当污染羽迁移方向涉及饮用水源地时,宜加密设置监测井。

4 监测井的深度应根据地块污染物类型、污染深度、地质条件、阻隔屏障深度综合确定。

5 可充分利用地块调查评估和管控实施阶段设置的监测井，原监测井应符合管控效果评估采样条件，且不应超过效果评估时总监测井数量的60%。

5.3.2 污染物监测的采样频次应符合下列规定：

1 每季度采集1个批次样品，2个批次之间间隔不得少于1个月，至少采集4个批次的样品。

2 对于地下水流场变化较大的地块，可通过地下水水位水质监测、数值模拟等手段进行流场分析并适当提高采样频次。

3 当地下水监测井中目标污染物浓度超过评估标准或出现上升趋势时，宜增加地下水监测频次，必要时可增加地下水监测井数量。

5.3.3 污染物监测指标应根据场地污染状况调查、周边环境敏感点、场地管控情况及可能产生的中间产物综合确定。当地块风险管控范围上游500 m内存在其他污染源或地块存在邻近地表水体时，应根据污染源的特征污染物情况以及邻近地表水体的水质要求，补充相应监测指标。

6 采样与试验

6.1 一般规定

6.1.1 钻孔、测试孔和监测井等工作完成后，应及时注入清洁且低渗透的材料进行封孔，防止污染物迁移。

6.1.2 检测、监测点位应进行平面和高程测量，测量宜采用项目所在地法定平面坐标系统和高程系统。

6.2 钻孔取芯

6.2.1 钻孔取芯前，应具备以下资料信息：

1 工程名称及设计、施工、监理和建设单位名称。

2 屏障的种类、设计参数及施工图。

3 钻孔取芯的数量及取样位置。

4 屏障施工的质量状况及记录等。

6.2.2 竖向阻隔屏障进行钻孔取芯时，采用的取芯设备可参照以下规定：

1 墙体主要材料为水泥土、原位土-水泥-膨润土、水泥-膨润土、塑性混凝土、混凝土的竖向阻隔屏障，宜采用金刚石钻头或硬质合金钻头进行钻孔；取样可采用单动双管、双动三重管，采取率不宜小于80%。

2 墙体主要材料为原位土-膨润土的竖向阻隔屏障，宜采用螺纹钻头或硬质合金钻头进行钻孔；取样宜采用薄壁取土器和厚壁敞口取土器，也可采用单动双管取样器。

6.2.3 当竖向阻隔屏障进行钻孔取芯时，应保持芯样连续完整，钻探取芯流程应符合以下规定：

1 钻孔口径系列应符合现行行业标准《地质岩心钻探规程》DZ/T 0227 的相关规定，满足试验要求。

2 钻机设备安装必须周正、稳固、底座水平。

3 每回次钻孔进尺应控制在 1.5 m 内；钻至底时，应采取减压、慢速钻进、干钻等适宜的方法和工艺。

4 钻芯孔垂直度偏差不得大于 1/300。

5 钻取的芯样应按回次顺序放进芯样箱中，并初步描述芯样质量。

6 钻芯结束后，应对芯样和标示牌的全貌进行拍照。

6.2.4 竖向阻隔屏障芯样现场封存、保护及运输等应符合以下规定：

1 芯样应及时密封并贴标签，标签应记录工程名称、取样深度、芯样的颜色状态、取样日期、取样人、样品编号等内容。

2 芯样标签记载应与现场钻探记录相符。取样器型号、取样方法、回收率等应在现场记录中详细记载。

3 采取的芯样密封后应置于温度及湿度变化小的环境中，不得暴晒或受冻。

4 运输芯样时，应采用专用芯样箱包装，芯样之间应用柔软缓冲材料填实。

5 芯样采取之后应及时送至实验室养护或试验。

6.3 监测井建设与采样

6.3.1 监测井孔径、管径和滤水管设置应符合以下规定：

1 井身结构宜采用单一孔径。短期监测井的孔径宜大于滤水管外径 100 mm，长期监测井孔径宜大于滤水管外径 200 mm。

2 监测井的井管内径应满足洗井、监测、维护及水样采集等工作要求。短期监测井井管内径应不小于 50 mm，长期监测井井管内径应不小于 100 mm。

3 滤水管应置于目标含水层中，长度和位置应根据监测目的和要求、所在区域地下水水位历史变化情况、目标含水层厚度等进行设置。

6.3.2 监测井钻进成孔宜一径到底、井孔圆直；钻进过程中应进行孔深校正、孔斜测量，垂直度偏差不大于 1/60。

6.3.3 监测井的施工过程应包括下管、填砾、止水、封孔等步骤，成井的具体要求参照现行行业标准《地下水环境监测技术规范》HJ 164 的相关规定执行。

6.3.4 监测井的成井洗井设备包括潜水泵、贝勒管或惯性泵等，洗井应满足以下要求：

1 监测井建设完成后，至少稳定 8 h 后开始成井洗井。

2 洗井结束条件如下：

1) 浊度小于或等于 10 NTU 时，可结束洗井。

2) 当浊度大于 10 NTU 时，应每间隔约 1 倍井体积的洗井水量后对出水进行测定，水质指标应同时满足浊度连续 3 次测定的变化在 10%以内、电导率连续 3 次测定的变化在 10%以内、pH 值变化在±0.1 以内可结束洗井。

3) 通过超量抽水、汲取等方式进行洗井，不得采用反冲、气洗方式。

6.3.5 成井洗井结束后，监测井至少稳定 24 h 后进行采样，地下水采样推荐采用水泵低速采样方法和贝勒管采样方法，地下水样品采集应在 2 h 内完成。

1 样品采集前，先进行采样洗井，采样洗井和样品采集执行现行行业标准《地下水环境监测技术规范》HJ 164 的相关要求；挥发性有机物采样洗井执行现行行业标准《地块土壤和地下水中挥发性有机物采样技术导则》HJ 1019 的相关要求。

2 当含水层厚度大于 6 m 时，宜进行分层采样，并应根据污染物特征、含水层结构等进行合理调整。

3 地下水样品采集应按照挥发性有机物、半挥发性有机物、稳定有机物及微生物样品、重金属和普通无机物的顺序采集。

4 采样时，除有特殊要求的项目外，应先用采集的水样荡洗采样器与水样容器2次～3次；采集分析挥发性有机物的地下水样时，应参照现行行业标准《地块土壤和地下水中挥发性有机物采样技术导则》HJ 1019的相关规定。

5 采集水样后，应立即将水样容器瓶盖紧、密封，贴好标签，标签可根据具体情况进行设计，宜包括采样日期和时间、样品编号、监测项目等。

6 采样结束前，应核对采样计划、采样记录与水样，如有错误或漏采，应立即重采或补采。

6.4 原位渗透试验和连通抽水试验

6.4.1 当竖向阻隔屏障墙体抗压强度小于或等于3.0 MPa时，宜采用钻孔注水试验测定渗透系数，试验应符合以下规定：

1 宜采用降水头注水试验。

2 宜采用自上而下分段注水，试验段长度宜为5 m。

3 试验步骤和渗透系数计算应满足现行行业标准《水电工程钻孔注水试验规程》NB/T 35104的相关规定。

6.4.2 当竖向阻隔屏障墙体抗压强度大于3.0 MPa时，宜采用钻孔压水试验测定渗透系数，试验应符合以下规定：

1 试验宜分段进行，试验段长度宜为5 m，相邻试段应互相衔接，可少量重叠，但不应漏段。

2 压力阶段和压力值、试验设备、试验步骤和渗透系数计算应满足现行行业标准《水电工程钻孔压水试验规程》NB/T 35113的相关规定。

6.4.3 连通抽水试验应符合以下规定：

1 形成阻隔屏障后，宜在不同区域进行多组连通抽水试验。

2 抽水井水位降深不宜小于 5 m，延续时间不少于 24 h。

3 抽水结束后应测量恢复水位。

4 连通抽水试验可结合示踪剂法联合进行，在阻隔屏障外监测井中投放示踪溶液进行标记，在阻隔屏障内抽水井中测定示踪剂的含量。

6.5 工程物探检测

6.5.1 工程物探可用于竖向阻隔屏障连续性与完整性初步检测，主要检测方法包括阵列地电场法、电阻率层析成像法等。

6.5.2 工程物探设备主要技术指标应符合现行行业标准《城市工程地球物理探测标准》CJJ/T 7 中的相关要求。

6.5.3 采用工程物探进行竖向阻隔屏障连续性与完整性检测时，应满足以下要求：

1 竖向阻隔屏障现场应具备开展检测工作需要的场地条件。

2 开展工程物探前，应对竖向阻隔屏障的边界进行测量定位。

3 竖向阻隔屏障内外两侧无明显高阻屏蔽层，周边无强电流干扰，且检测面相对平整。

6.5.4 采用阵列地电场法进行竖向阻隔屏障连续性与完整性检测时，应满足以下要求：

1 对于规则多边形竖向阻隔屏障，其长边不宜小于 30 m；对于圆形竖向阻隔屏障，其内直径不宜小于 30 m；对于异型竖向阻隔屏障，其最大跨度不宜小于 30 m。

2 检测供电电极、采集电极布设要求详见本标准附录 C.1。

6.5.5 采用电阻率层析成像法进行竖向阻隔屏障连续性与完整性检测时，应满足以下要求：

1 竖向阻隔屏障内、外应有一定的水头差，如无水头差，可采取污染侧抽水方式进行辅助。

2 注液孔宜在竖向阻隔屏障水位高的一侧。当污染物为高电阻率介质时，应注入低电阻率溶液；当污染物为低电阻率介质时，应注入高电阻率溶液。

3 现场检测孔布设要求详见本标准附录C.2。

4 应在降水位前、后分别开展电阻率层析成像法检测，并对检测结果进行对比。电阻率层析成像法主要仪器设备、工作装置、试验步骤应符合现行行业标准《水电工程层析成像技术规程》NB/T 35112的相关规定。

5 采用多道接收方式观测时，同一激发点的相邻接收排列重复应不少于1道，保证数据的连续性，必要时互换发射与接收孔重复观测。

6.5.6 当采用多种物探方法时，应进行综合判释。必要时，应进行取样检测，分析验证。

6.5.7 应对竖向阻隔屏障区的检测值与区域背景值进行对比分析，依据检测值的异常程度初步判定竖向阻隔屏障的连续性与完整性。

6.5.8 污染地块内检测孔取出的土样应妥善处置，避免二次污染；检测完成后应及时进行封孔。

6.6 实验室检测

6.6.1 抗压强度试验应测试样品28 d抗压强度，应符合以下规定：

1 塑性混凝土试件抗压强度宜采用圆柱体试件抗压强度试验，试件尺寸、仪器设备、试验步骤、结果计算及确定应满足现行国家标准《混凝土物理力学性能试验方法标准》GB/T 50081的相关规定。

2 其他水泥系试件抗压强度宜采用无侧限抗压强度试验，

试件尺寸、仪器设备、试验步骤、结果计算及确定应满足现行国家标准《土工试验方法标准》GB/T 50123 的相关规定。

6.6.2 室内渗透试验应符合以下规定：

1 混凝土和塑性混凝土的渗透试验所用主要仪器设备、试样制备、试验步骤应符合现行行业标准《现浇塑性混凝土防渗芯墙施工技术规程》JGJ/T 291 的相关规定。

2 水泥土、原位土-水泥-膨润土、水泥-膨润土及原位土-膨润土的渗透试验所用主要仪器设备、试样制备、试验步骤应符合现行国家标准《土工试验方法标准》GB/T 50123 的相关规定。

3 渗透试验终止条件应符合以下规定：

1）连续 4 次所测定的渗透渗入量与渗出量的比值应在 0.75～1.25 之间。

2）当渗透系数大于或等于 1.0×10^{-8} cm/s 时，至少连续 4 次所测定的渗透系数的变化幅度应小于或等于 25%；当渗透系数小于 1.0×10^{-8} cm/s 时，至少连续 4 次所测定的渗透系数的变化幅度应小于 50%；渗透系数随试验时间应无明显单调升高或降低趋势。

4 复合竖向阻隔屏障的渗透试验应根据各工程材料渗透系数综合确定，并应符合以下规定：

1）土工膜的渗透系数测定应符合现行国家标准《土工合成材料　防渗性能　第 2 部分：渗透系数的测定》GB/T 19979.2 的相关规定。

2）钠基膨润土防水毯的渗透系数测定除应符合现行行业标准《钠基膨润土防水毯》JG/T 193 的相关规定外，试验终止的条件还应符合本条第 3 款的规定。

6.6.3 污染物指标的检测方法和样品保存要求应符合现行国家标准《地下水质量标准》GB/T 14848 和现行行业标准《地下水环境监测技术规范》HJ 164 的相关规定。

7 效果评估

7.1 一般规定

7.1.1 竖向阻隔效果评估应结合前期相关资料、现场试验和室内试验进行，且应符合以下规定：

1 工程设计、施工、监理等全流程资料完整、记录准确。

2 施工质量合格并达到验收要求。

7.2 评估标准

7.2.1 阻隔屏障的抗压强度、渗透性能合格标准为：

芯样室内试验测得的抗压强度应大于设计值，室内试验测得的渗透系数和原位钻孔注（压）水试验所获得的渗透系数值应小于设计值。当设计方案缺少相关具体要求时，可参照本标准附录D的要求。

7.2.2 阻隔屏障均匀性、连续性与完整性的表观合格标准为：

1 屏障表面平整、屏障材料均匀、芯样连续完整。

2 刚性及半刚性竖向阻隔屏障的芯样坚硬，呈圆柱状。

3 柔性竖向屏障的芯样中膨润土和原位土混合均匀。

4 土工膜或钠基膨润土防水毯完整，膜间搭接无漏点。

7.2.3 采用连通抽水试验评估屏障连续性与完整性的合格标准为：

1 监测井水位降深不大于抽水井水位降深的5%。

2 若同时采用示踪剂法，阻隔屏障内抽水井中不应检出示踪剂。

7.2.4 污染物指标评估合格的标准为：

在竖向阻隔屏障管控区域的下游地下水中，目标污染物浓度应持续下降。

7.3 评估方法

7.3.1 当工程性能指标及污染物指标均满足评估标准时，应判定竖向阻隔屏障风险管控达到预期效果，可对既有竖向阻隔屏障实施持续运行与维护管理。

7.3.2 当工程性能指标或污染物指标未满足评估标准时，应判定风险管控未达预期效果，应对竖向阻隔屏障进行优化或调整，并重新进行评估。

8 后期环境监管建议

8.0.1 实施竖向阻隔管控的污染地块，应提出后期环境监管建议。后期环境监管的方式宜包括长期环境监测与制度控制。

8.0.2 长期环境监测宜满足以下要求：

1 长期环境监测范围为竖向阻隔管控区域及周围影响范围内。

2 长期环境监测过程中，宜根据水文地质与工程地质条件、管控污染物的分布、建（构）筑物及受体分布等的变化情况，更新概念模型。

3 长期环境监测井布设应满足本标准第5.3节的相关要求，并优先考虑阻隔保护区、敏感点所处位置等。

4 地下水监测指标应包括所有目标污染物和可能产生的中间产物，阻隔屏障内外可增加地下水水位、地下水流速等作为风险管控效果的辅助判断依据。

5 长期环境监测宜每年在丰水期、枯水期至少各监测1次，可根据污染地块风险等级，适当调整监测频次。若连续3年浓度无明显变化或呈下降趋势，可根据监测结果适当降低监测频次。

6 当长期地下水监测指标连续2次超过评估标准或出现显著上升趋势，且无其他污染源时，宜开展专项监测。根据监测结果分析浓度异常原因，若发现存在渗漏点，应及时采取措施进行修复。

7 应有专业人员对监测井的设施进行维护，每季度检查井体完整性。若设施出现损坏，应立即进行修复。

8 当阻隔屏障竣工后及其附近应力场发生变化时，应对阻隔屏障进行变形监测、连续性与完整性检测，监测（检测）方法包括但不限于以下方式：

1）通过观察检查屏障表面裂缝、凸起、凹陷或其他损坏迹象。

2）通过在屏障体顶面埋设垂直与水平位移监测点和屏障体内埋设测斜管进行监测，具体布置可执行现行国家标准《建筑基坑工程监测技术规范》GB 50497 的相关规定。

3）必要时，可采用钻孔取芯、室内和原位渗透（连通）试验、地球物理探测或其他智慧检测技术，探测屏障体的连续性、完整性；具体布置应满足本标准第 5.2 节的相关要求。

8.0.3 制度控制应包括但不限于以下方式：限制地块使用方式、限制地下水利用方式、通知和公告地块潜在风险、制定限制进入或使用条例等，多种制度方式可同时使用。

1 限制地块使用方式：应确保竖向阻隔管控区域实际建设用途符合规划要求，并满足污染管控条件。

2 制定限制进入或使用条例等通知和公告方式：污染地块实施风险管控期间，未经批准的人员不得进入管控区域；管控范围边界应设置围挡，围挡上应设置警示标志。

9 效果评估报告

9.0.1 效果评估报告应包括但不限于文字、图表和必要的附件，报告中的文字、术语、符号、计量单位均应符合国家相关标准的规定。

9.0.2 效果评估报告应根据工程特点、水文地质与工程地质条件、采样与试验结果等，经综合分析后加以编制。

9.0.3 效果评估报告内容应包括项目背景、工作依据、地块概况、更新地块概念模型、布点采样方案、采样与试验、效果评估、结论与建议等，具体参见本标准附录E。

附录A　现场踏勘与人员访谈记录表

A.0.1　现场踏勘工作可按表A.0.1进行记录。

表A.0.1　现场踏勘记录

项目名称			
项目地址		天气	
地块面积		踏勘日期	
地块内基本情况描述（地理位置、地块现状等信息）			
阻隔屏障基本信息（方式、工艺、宽度、厚度、搭接方式等）			
阻隔屏障平面布置情况			
施工管理情况			
其他需要记录事项			

记录人：

A.0.2 人员访谈工作可按表 A.0.2 进行记录。

表 A.0.2 人员访谈记录表

<table>
<tr><td>项目名称</td><td colspan="3"></td></tr>
<tr><td>访谈方式</td><td></td><td>访谈日期</td><td></td></tr>
<tr><td>受访者姓名、联系方式、单位</td><td colspan="3"></td></tr>
<tr><td colspan="4">受访者类型：□地块责任单位 □地块调查单位 □地块风险评估单位 □地块风险管控方案编制单位 □监理单位 □施工单位 □周边居民 □企业员工 □其他</td></tr>
<tr><td colspan="4">访谈内容：</td></tr>
</table>

记录人： 受访者：

附录B　地块概念模型涉及信息及其作用

表B　地块概念模型涉及信息及其作用

序号	地块概念模型涉及信息	在效果评估中的作用
1	地理位置	了解背景情况
2	地块历史	了解背景情况
3	地块调查评估活动	了解背景情况
4	地块土层分布	确定采样深度
5	水位变化情况	确定采样点设置
6	地块水文地质与工程地质条件	确定采样点设置
7	污染物分布情况	了解地块污染情况
8	目标污染物、管控目标	明确评估指标和标准
9	土壤和地下水管控范围	确定评估对象和范围
10	竖向阻隔方式及工艺	制定效果评估方案
11	竖向阻隔实施方案有无变更及变更情况	制定效果评估方案
12	施工周期与进度	确定采样时间点
13	竖向阻隔平面布置	确定采样点设置
14	竖向阻隔运行监测计划及已有数据	确定采样时间点
15	目标污染物浓度变化情况	确定采样时间点
16	地块内监测井位置及建井结构	判断是否可供效果评估采样使用
17	二次污染排放记录及监测报告	辅助资料
18	竖向阻隔实施涉及的单位和机构	辅助资料

附录C　电极及检测孔布设

C.1　阵列地电场法

C.1.1　检测供电电极、采集电极布设应符合下列规定：

1　检测供电电极布设应符合以下规定：

1）正电极A布设于竖向阻隔屏障一侧检测孔内；检测孔距竖向阻隔屏障边界距离宜为0.5 m～5 m，深度不宜小于竖向阻隔屏障深度；正电极A可在孔内上、下自由移动，间隔宜2 m～5 m采集数据，采集数据时，正电极A固定不动，负电极B布设于竖向阻隔屏障另一侧土中，且与其相邻的电极M以及正电极A的距离不小于5倍的探测深度。

2）检测孔内应注满水并保持水位；当检测孔壁稳定条件较差时，孔内宜放置塑料管或其他绝缘套管，套管壁应均匀开设小孔以保证与孔外导通，套管长度宜与孔深一致。

2　采集电极布设应符合下列规定：

1）电极M、N宜采用不极化电极，电极N分别与电极M、正电极A、负电极B的距离均不小于5倍的探测深度。

2）电极M宜与负电极B布设于同一侧。

3）组成阵列的电极数量可根据现场场地条件确定，每个电极应保证接地条件良好。

4）阵列式电极宜平行于竖向阻隔屏障边线，相邻采集点水平间距宜为0.5 m～2 m，宜根据不同的竖向阻隔屏障类型，结合现场试验优化确定采集点布设间距。

5）分段连续检测时，相邻测线之间重叠部分不宜小于 3 m，且不少于 3 个采集点。

6）每个采集点应固定编号，并记录每个采集点在平面范围内的位置。

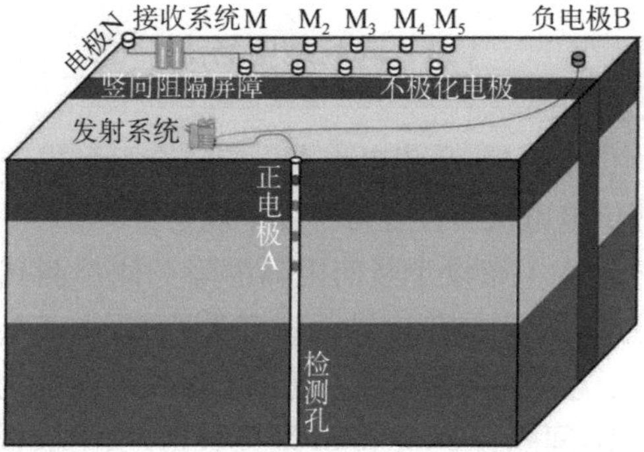

图 C.1.1 阵列地电场法检测装置示意图

C.2 电阻率层析成像法

C.2.1 现场检测孔布设应符合下列规定：

1 检测孔布置于水位低的一侧，并平行于竖向阻隔屏障走向，相邻孔连线距竖向阻隔屏障边界宜为 0.5 m～3 m。检测孔之间的平面间距宜为 5 m～15 m，宜结合现场试验优化确定检测孔布设间距。

2 检测孔孔深宜大于竖向阻隔屏障检测段的最大深度 5 m 以上，不宜小于检测孔间距的 1.5 倍；检测孔不应穿透隔水层。

3 检测孔垂直度偏差不得大于 1/60。

4 检测孔内电极串相邻电极的间距宜为 0.5 m～2 m，并应根据不同竖向阻隔屏障类型和土层，经现场试验后确定。

5 检测孔内水位及套管要求参照第 C.1.1 条第 1 款第 2 项

执行。

6 最小内孔径应能确保测量电极串可以在孔内上、下自由移动。

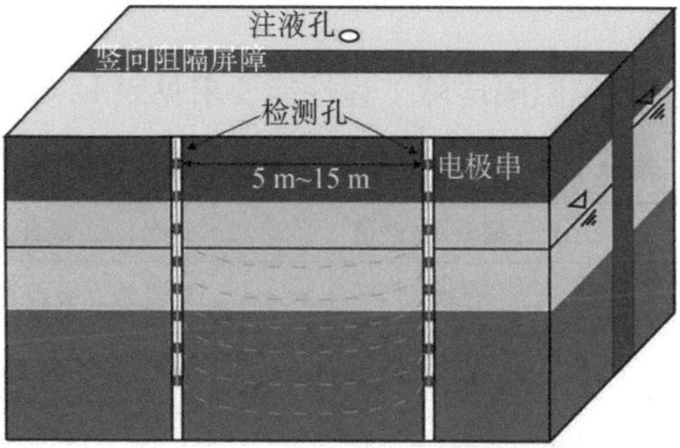

图 C.2.1 电阻率层析成像法检测装置示意图

附录D 竖向阻隔屏障工程性能要求

D.0.1 开挖-回填阻隔屏障工程性能要求见表D.0.1。

表D.0.1 开挖-回填阻隔屏障工程性能要求

项目	允许偏差/允许值	检查方法
屏障均匀性	合格	钻孔取芯表观观测
连续性与完整性	合格	钻孔取芯表观观测、工程物探方法、连通抽水试验
渗透系数	$\leqslant 1.0\times10^{-7}$ cm/s	钻孔取芯室内渗透试验、钻孔注(压)水试验
抗压强度	土-膨润土阻隔屏障无强度要求;水泥-膨润土、土-水泥-膨润土阻隔屏障28d无侧限抗压强度≥100 kPa	钻孔取芯室内强度试验

D.0.2 注浆、喷浆阻隔屏障工程性能要求见表D.0.2。

表D.0.2 注浆、喷浆阻隔屏障工程性能要求

项目	允许偏差/允许值	检查方法
屏障均匀性	合格	钻孔取芯表观观测
连续性与完整性	合格	钻孔取芯表观观测、工程物探方法、连通抽水试验
渗透系数	$\leqslant 1.0\times10^{-7}$ cm/s	钻孔取芯室内渗透试验、钻孔注(压)水试验
抗压强度	28 d无侧限抗压强度≥100 kPa	钻孔取芯室内强度试验

D.0.3 深层搅拌阻隔屏障工程性能要求见表D.0.3。

表D.0.3 深层搅拌阻隔屏障工程性能要求

项目	允许偏差/允许值	检查方法
屏障均匀性	合格	钻孔取芯表观观测
连续性与完整性	合格	钻孔取芯表观观测、工程物探方法、连通抽水试验
渗透系数	$\leqslant 1.0\times10^{-7}$ cm/s	钻孔取芯室内渗透试验、钻孔注(压)水试验
抗压强度	28 d无侧限抗压强度≥100 kPa	钻孔取芯室内强度试验

D.0.4 塑性混凝土阻隔屏障工程性能要求见表D.0.4。

表D.0.4 塑性混凝土阻隔屏障工程性能要求

项目	允许偏差/允许值	检查方法
屏障均匀性	合格	钻孔取芯表观观测
连续性与完整性	合格	钻孔取芯表观观测、工程物探方法、连通抽水试验
渗透系数	$\leqslant 1.0\times10^{-7}$ cm/s	钻孔取芯室内渗透试验、钻孔注(压)水试验
抗压强度	28 d龄期抗压强度≥1 000 kPa	钻孔取芯室内强度试验

D.0.5 复合阻隔屏障工程性能要求见表D.0.5-1和表D.0.5-2。

表D.0.5-1 HDPE土工膜复合阻隔屏障工程性能要求

项目	允许偏差/允许值	检查方法
屏障均匀性	合格	钻孔取芯表观观测
连续性与完整性	墙体连续性与完整性合格、HDPE土工膜无渗漏点	钻孔取芯表观观测、工程物探方法、连通抽水试验
墙体渗透系数	$\leqslant 1.0\times10^{-7}$ cm/s	钻孔取芯室内渗透试验、钻孔注(压)水试验
复合渗透系数	$\leqslant 1.0\times10^{-7}$ cm/s	参照行业标准《工业污染场地竖向阻隔技术规范》HG/T 20715—2020中第5.5.7条进行计算

续表D.0.5-1

项目	允许偏差/允许值	检查方法
抗压强度	参照对应墙体类型的相关要求	钻孔取芯室内强度试验

表 D.0.5-2　钠基膨润土防水毯复合阻隔屏障工程性能要求

项目	允许偏差/允许值	检查方法
屏障均匀性	合格	钻孔取芯表观观测
连续性与完整性	墙体连续性与完整性合格、钠基膨润土防水毯无渗漏点	钻孔取芯表观观测、工程物探方法、连通抽水试验
墙体渗透系数	$\leqslant 1.0 \times 10^{-7}$ cm/s	钻孔取芯室内渗透试验、钻孔注(压)水试验
复合渗透系数	$\leqslant 1.0 \times 10^{-7}$ cm/s	参照行业标准《工业污染场地竖向阻隔技术规范》HG/T 20715—2020 中第 5.5.7 条进行计算
抗压强度	参照对应墙体类型的相关要求	钻孔取芯室内强度试验

附录 E　效果评估报告编制大纲

污染地块竖向阻隔效果评估报告编制大纲

1　项目背景

简要描述污染地块基本信息，调查评估及风险管控时间节点与概况、相关批复情况等。

2　工作依据

2.1　法律法规

2.2　标准规范

2.3　项目文件

3　地块概况

3.1　地块调查评价结论

3.2　竖向阻隔管控方案

3.3　竖向阻隔实施情况

3.4　环境保护措施情况

4　更新地块概念模型

4.1　资料回顾

4.2　现场踏勘

4.3　人员访谈

4.4　地块概念模型更新

5　布点采样方案

5.1　评估范围

5.2　工程性能检测

5.2.1　布点数量与位置

5.2.2　采样周期和频次

5.2.3　检测指标

5.3　污染物监测

5.3.1　布点数量与位置

5.3.2　采样周期和频次

5.3.3　检测指标

6　采样与试验

6.1　现场测试

6.1.1　现场测试布点

6.1.2　现场测试方法及步骤

6.2　样品采集

6.2.1　现场采样

6.2.2　样品保存与流转

6.2.3　现场质量控制

6.3　实验室检测

6.3.1　检测方法

6.3.2　实验室质量控制

7　效果评估

7.1　结果分析

7.2　效果评估

7.3　不确定性分析

8　结论与建议

8.1　效果评估结论

8.2　后期环境监管建议

附件

(1) 地块规划图

(2) 竖向阻隔工程施工图

(3) 工程地质与水文地质剖面图

(4) 钻孔结构图

(5) 竖向阻隔屏障取样记录及照片

（6）地下水监测井结构图
（7）地下水监测井洗井记录
（8）施工质量控制记录资料
（9）工程效果评估工作记录资料

本标准用词说明

1 为便于在执行本标准条文时区别对待，对要求严格程度不同的用词说明如下：

1）表示很严格，非这样做不可的用词：
正面词采用“必须”；
反面词采用“严禁”。

2）表示严格，在正常情况下均应这样做的用词：
正面词采用“应”；
反面词采用“不应”或“不得”。

3）表示允许稍有选择，在条件许可时首先应这样做的用词：
正面词采用“宜”；
反面词采用“不宜”。

4）表示有选择，在一定条件下可以这样做的用词，采用“可”。

2 条文中指明应按其他有关标准执行时的写法为“应符合……的规定”或“应按……执行”。

引用标准名录

1 《土壤环境质量　建设用地土壤污染风险管控标准》GB 36600
2 《建筑基坑工程监测技术规范》GB 50497
3 《混凝土物理力学性能试验方法标准》GB/T 50081
4 《土工试验方法标准》GB/T 50123
5 《土工合成材料　防渗性能　第2部分:渗透系数的测定》GB/T 19979.2
6 《地下水质量标准》GB/T 14848
7 《污染地块风险管控与土壤修复效果评估技术导则》HJ 25.5
8 《污染地块地下水修复和风险管控技术导则》HJ 25.6
9 《地块土壤和地下水中挥发性有机物采样技术导则》HJ 1019
10 《地下水环境监测技术规范》HJ 164
11 《水电工程钻孔注水试验规程》NB/T 35104
12 《水电工程层析成像技术规程》NB/T 35112
13 《水电工程钻孔压水试验规程》NB/T 35113
14 《现浇塑性混凝土防渗芯墙施工技术规程》JGJ/T 291
15 《钠基膨润土防水毯》JG/T 193
16 《城市工程地球物理探测标准》CJJ/T 7
17 《工业污染场地竖向阻隔技术规范》HG/T 20715
18 《地质岩心钻探规程》DZ/T 0227

团体标准

污染地块竖向阻隔效果评估技术标准

T/SHDZ 003—2025

条文说明

同济大学出版社

2025 上海

目　次

Contents

1 总 则

1.0.1 在我国工业化和城镇化过程中，污染物排放导致大量土壤和地下水污染，对人类健康和环境安全构成潜在威胁。2016年5月，国务院发布《国务院关于印发土壤污染防治行动计划的通知》。2019年1月1日，《中华人民共和国土壤污染防治法》正式施行，该法明确提出“坚持预防为主、保护优先、分类管理、风险管控、污染担责、公众参与”的原则，强调了风险管控在土壤污染防治中的核心地位。2023年12月，生态环境部发布了《关于促进土壤污染风险管控和绿色低碳修复的指导意见》，意见提出“倡导建设用地土壤污染治理项目因地制宜采取风险管控措施，率先践行绿色低碳修复，降低资源能源消耗，有效控制潜在二次污染风险”。因此，推广风险管控技术是保障人居环境安全和推进美丽中国建设的重要战略需求。

竖向阻隔技术作为常用的风险管控技术，具有污染物适用范围广、地块适应性强、工程成本低、绿色低碳等优点，在实际工程应用中也表现出较好的风险管控效果。但如果阻隔设计或施工存在缺陷将会导致污染物泄漏，从而达不到有效阻隔污染物迁移的作用。因此，评估竖向阻隔的有效性，是科学合理开展污染地块风险管控的关键工作。

目前，国内针对污染地块风险管控出台了一系列标准规范，现行行业标准《污染地块风险管控与土壤修复效果评估技术导则》HJ 25.5、《污染地块地下水修复和风险管控技术导则》HJ 25.6等仅对风险管控效果评估做原则性规定，缺乏可指导污染地块风险管控评估具体实施的操作细则。由于缺少对不同竖向阻隔类型的效果评估方法，这在一定程度上限制了该技术在我国污染地块的推广应用。因此，为了解决这一问题，亟须建立完善的竖向阻隔风险管控效果评估方法，这也是本标准编制的目的和意义。

1.0.2 本条规定了本标准的适用范围。

2 术 语

2.0.3 竖向阻隔屏障是一种垂直于地面的屏障结构，用于阻止污染物在地下垂直方向上的迁移，其主要目的是减少污染物对地下水和周边环境的影响。

2.0.6 事实上，自然界没有绝对不透水的岩土层，因此，它只是相对透水层而言。主要根据渗透系数来划分，一般其渗透系数较低而小于 0.001 m/d(1.16×10^{-6} cm/s)。

2.0.7 常水头钻孔注水试验在过程中需要慢慢调节注水速度，使套管中水位高出地下水位一定高度并保持稳定，然后测试水头值，根据稳定水头的注入流量计算阻隔屏障的渗透系数。降水头钻孔注水试验在过程中需要通过钻孔向试验段注水，抬高钻孔水头至一定高度后停止注水，根据水头下降与延续时间的关系，计算阻隔屏障渗透系数。

3 基本规定

3.0.1 本条规定了污染地块竖向阻隔效果评估工作开始的必要条件。效果评估工作人员应先核查阻隔工程的设计资料、施工过程资料以及施工质量检测报告等相关资料，确保阻隔屏障的施工质量达到设计要求（如墙体厚度、深度、垂直度和位置等）。若阻隔屏障施工质量未达到设计要求，不应进入效果评估环节。

3.0.2 本条规定了污染地块竖向阻隔效果评估的评估指标。不同竖向阻隔屏障类型包括：

1 开挖-回填阻隔屏障

开挖-回填阻隔屏障按回填材料可分为膨润土系阻隔屏障（原位土-膨润土）、水泥系阻隔屏障（水泥土、原位土-水泥-膨润土、水泥-膨润土）。该类屏障在国内使用较少，坡面开挖和回填时，会造成较多搭接处和高渗透性窗口的可能。

2 注浆、喷浆阻隔屏障

渗透（压力）注浆阻隔屏障：主要用于填充土体的孔隙或岩石的裂缝，施工工艺有点喷射法和型管注浆法，注浆点之间会有较多搭接处。

高压旋喷注浆阻隔屏障：在高压下将水泥浆、水、空气注入地表以下，从而形成单个灌浆土柱或者一组灌浆土柱，灌浆土柱之间会有较多搭接处。

3 深层搅拌阻隔屏障

三轴（双轴）搅拌水泥土阻隔屏障：通过一套带有正反向旋转的螺旋钻钻机设备来完成，形成的灌浆土柱之间是相互交错重叠的，灌浆土柱之间会有较多搭接处。

渠式切割水泥土阻隔屏障：可修建连续、均质的阻隔墙，搭接处较少，但施工路线上不宜有急剧的转向变化。

铣削深层搅拌水泥土阻隔屏障：对板块垂直度严格控制，可修建连续、均质的阻隔墙，搭接处较少，施工时可有急剧的转向变化。

4 塑性混凝土阻隔屏障

塑性混凝土由骨料、水泥、水和膨润土组成，通常以板块的形式，施工工艺为分段开挖沟槽和分段浇筑。

5 复合阻隔屏障

土工膜复合阻隔屏障：开出一定宽度和深度的沟槽，在沟槽内铺设土工膜，再回填沟槽。土工膜施工中可能会破损，且修复困难。按墙体回填材料可分为水泥系-土工膜复合、膨润土系-土工膜复合、原位土-土工膜复合阻隔屏障。

钠基膨润土防水毯复合阻隔屏障：在开挖成槽后，先沿槽壁竖向铺设钠基膨润土防水毯(GCL)复合构件，然后在槽内回填低渗透性墙体材料。GCL防渗主要是利用其遇水膨胀的性质，在两层土工织物间形成致密的凝胶态防水层，且具有自愈性。按墙体回填材料，可分为水泥系-钠基膨润土防水毯复合、膨润土系-钠基膨润土防水毯复合、原位土-钠基膨润土防水毯复合阻隔屏障。

此外，工程性能检测指标应包括抗压强度、渗透性能、屏障均匀性、连续性与完整性等；污染物监测指标应根据场地污染状况调查、周边环境敏感点、场地管控情况及可能产生的中间产物综合确定。

3.0.3 施工完成是指工程按照设计文件和施工合同的要求，完成了所有施工任务，达到了可以进行后续验收的阶段。施工完成是工程实体建设的结束，但并不意味着整个工程已经具备交付使用的条件；而竣工是工程建设的最终阶段，标志着工程具备交付使用的条件。

3.0.5 地块内污染源尚未消除，效果评估过程中需要钻孔取芯和原位测试，对人体和周边环境存在潜在风险。

4 更新地块概念模型

4.2 资料回顾

4.2.2 本条提出了收集的资料应包括但不限于：①前期调查资料，有助于了解地块的初始污染状况和风险水平，为评估竖向阻隔效果提供基准数据；②工程设计资料，详细描述了竖向阻隔工程的设计参数、施工方法和技术要求，是评估工程性能的重要依据；③工程施工资料，记录了施工过程中的实际操作和质量控制情况，能够反映工程的实施质量和潜在问题；④效果评估所需的其他相关资料，如相关的标准规范、技术指南、类似工程案例等，可以为评估工作提供参考和借鉴，确保评估方法的科学性和合理性。

4.3 现场踏勘与人员访谈

4.3.1 现场踏勘是污染地块竖向阻隔效果评估的重要环节，旨在通过实地观察和记录，获取竖向阻隔屏障的施工情况和环境变化等信息。本条结合竖向阻隔工程的特点，提出的重点核查内容包括：①施工搭接处理，检查竖向阻隔屏障的施工搭接是否符合设计要求，是否存在缝隙或不连续的情况；②竖向阻隔屏障宽度，测量竖向阻隔屏障的实际宽度，确保其符合设计标准；③水文地质条件变化，观察竖向阻隔屏障实施前后地块的水文地质条件变化情况。提出的可选关注内容包括但不限于以下内容：①可能影响到阻隔屏障的周边建（构）筑物；②屏障周边地下管线分布情况；③阻隔屏障周边地表沉降等环境变化情况。

4.3.2 人员访谈是通过与相关人员交流，获取竖向阻隔屏障施工和运行过程中的详细信息，补充现场踏勘的不足。本条提出了访谈对象应包括：①地块责任单位，以了解地块的整体管理和风险管控情况；②地块调查单位，以获取地块污染调查的详细信息；③地块风险评估单位，以了解地块潜在风险情况；④地块风险管控方案编制单位，以了解风险管控方案的设计和实施情况；⑤监理单位，以获取施工过程中的质量控制和监理记录；⑥施工单位，以了解施工过程中的具体操作和问题；⑦周边居民和企业员工，以了解施工期间对周边环境的影响。访谈内容包括但不限于：①地块施工过程有无环境保护措施；②施工期间现场及周边有无异味；③施工期间废水、废物等污染物的外排情况；④工程施工期间有无投诉、风险事故、工程变更；⑤其他施工相关情况补充（包括竖向阻隔方式及工艺、施工周期与进度等）。

4.4 地块概念模型更新

4.4.2 地块概念模型更新是污染地块竖向阻隔效果评估的关键步骤，确保评估工作基于最新的地块信息和数据。本条规定了更新地块概念模型应获取的信息，以完整、准确地构建针对本项目管控区域的地块概念模型。

1 地块风险管控情况是地块概念模型更新的重要组成部分，主要包括：①管控措施的起始时间，包括管控措施开始实施的具体时间节点等，以便跟踪管控措施的实施进度；②管控范围，包括管控措施所覆盖范围的具体地理坐标、边界线等，确保管控措施的针对性和有效性；③管控目标，包括降低污染物浓度、防止污染扩散、保护周边环境和人群健康等，为管控措施的实施提供明确的方向；④竖向阻隔设计参数，包括竖向阻隔屏障的深度、宽度、材料、施工工艺等，确保阻隔屏障能够有效阻隔污染源；⑤管控过程监测数据，记录管控过程中定期采集的监测数据，如污染物浓度、地下水水位等，用于评估管控措施的效果；⑥技术调整和运行优化，根据监测数据和实际情况对技术方案进行调整和优化，以提高管控效果，确保管控措施的持续有效性。

2 目标污染物情况是地块概念模型更新的关键内容之一，主要包括：①目标污染物的原始浓度，记录管控措施实施前污染物的初始浓度，作为评估管控效果的基准；②运行过程中的浓度变化，定期监测并记录目标污染物在管控过程中的浓度变化情况，通过对比原始浓度和运行过程中的浓度变化，判断管控措施是否有效降低了污染物浓度；③污染物空间分布特征的变化，分析污染物在地块内的空间分布特征，如污染区域、污染羽的变化等，以评估管控措施对污染物扩散的控制效果，确保污染范围得到有效控制。

3 水文地质与工程地质条件是影响地块风险管控效果的重要因素，主要包括：①竖向阻隔屏障实施前后水文地质条件的变化，对比实施竖向阻隔屏障前后地下水的水位、流向等水文地质参数的变化，评估阻隔屏障对地下水流动的阻隔效果，确保地下水污染得到有效控制；②竖向阻隔屏障实施前后工程地质条件的变化，记录实施阻隔屏障前后土壤的压实度、渗透性等工程地质参数的变化，确保阻隔屏障的施工和运行不会对地块造成不利影响；③土壤理化性质变化，监测土壤的有机质含量、孔隙度等理化性质的变化，评估管控措施对土壤环境的影响，为后续的环境修复提供参考依据。

4 潜在受体与周边环境情况是评估地块风险管控效果的重要内容，主要包括：①竖向阻隔屏障实施后污染介质与受体的相对位置关系，明确污染介质（如污染土壤、地下水）与潜在受体（如周边居民、农田、水体等）之间的相对位置关系，判断阻隔屏障是否有效隔离了污染介质与受体，降低潜在环境风险；②受体的关键暴露途径，分析潜在受体可能受到污染的主要暴露途径（如地下水饮用、土壤接触、大气吸入等）评估管控措施对切断暴露途径的效果，确保周边环境和人群健康得到有效保护。

5 工作布置

5.1 一般规定

5.1.2 本条给出了竖向阻隔效果评估可采用的辅助判断依据。监测屏障上、下游水位差及流速变化，可验证阻隔工程是否有效改变了地下水流向与水力梯度，从而抑制污染物扩散。地球化学参数包括但不限于以下内容：pH 值、氧化还原电位、溶解氧、电导率等。此类参数可反映污染物在地下水中的迁移转化过程。

5.2 工程性能检测

5.2.1 本条规定了竖向阻隔屏障工程性能指标的主要内容。当设计方案中有其他具体要求时，还应满足设计要求。

5.2.3 本条规定了工程性能指标的取样和测试的时间要求，考虑到屏障材料需要养护一段时间才能发挥功效，因此规定取样和测试工作应在施工完成后不少于 28 d 进行，取样后应尽快进行测试。

5.2.4 本条规定了不同类型的阻隔屏障工程性能检测的工作布置要求。

1 规定的钻孔取芯数量均为最低要求；当场地地层复杂或阻隔屏障墙体深度较深时，可结合实际地层情况在不同深度适当增加采样数量。

2 钻孔取芯位置和深度应考虑场地地层非均质情况，在屏障上、中、下段分别取芯样；在地层突变部位，宜增加取芯数量，布设示意图如图 1 所示。

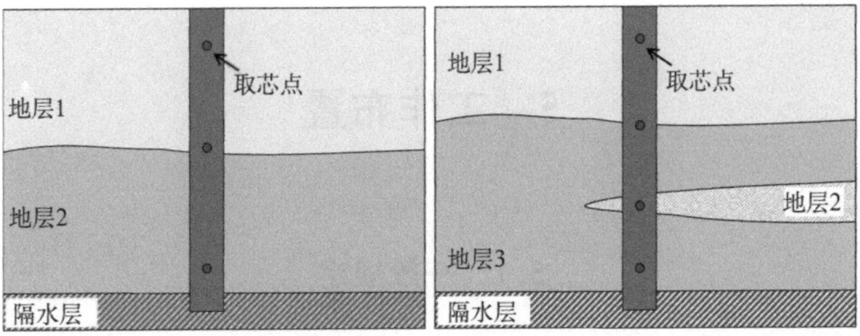

图 1　钻孔取芯深度布设示意图

3　对于复合阻隔屏障，钠基膨润土防水毯和土工膜的渗透性能可通过原材料质检报告查验，墙体部分工程性能的检测应按照对应的墙体类型开展。

4　表 5.2.4 中取芯钻孔布置和数量依据国家现行标准、规范和工程实践经验所定，所参考的标准、规范包括：《工业污染场地竖向阻隔技术规范》HG/T 20715、《建筑地基工程施工质量验收标准》GB 50202、《全方位高压喷射注浆技术标准》DG/TJ 08—2289、《天津市铣削式水泥土地下连续墙技术规程》DB/T 29—267、《现浇塑性混凝土防渗芯墙施工技术规程》JGJ/T 291、《等厚度水泥土搅拌墙技术规程》DG/TJ 08—2248、《注浆技术规程》YS/T 5211。

5.2.5　本条规定了钻孔注（压）水试验的工作布置要求。钻孔注（压）水试验根据更新的地块概念模型及竖向阻隔屏障类型选做。对于墙体强度较低的阻隔屏障，应防止注（压）水过程对墙体造成损伤。

5.2.6　本条规定了采用连通抽水试验对落底式阻隔屏障进行连续性与完整性检测时的具体要求。阻隔屏障的连续性与完整性主要关注墙（桩）体搭接处、现场踏勘有明显异常处、地层变化较大等薄弱区域。抽水井的设置深度视目标含水层的分布情况而定，应进入目标含水层一定深度或钻穿含水层，但不得钻穿目标含水层底部的隔水层。观测井的深度一般进入抽水井抽水段厚度之半。此外，连通抽水试验点位的确定宜在对阻隔屏障进行地球物理探测的基础上，对疑似渗漏区域进行针对性布设。对于悬挂式阻隔屏障，不建议采用连通抽水试验检测连续性与完整性。

5.3　污染物监测

5.3.1　本条规定了竖向阻隔效果评估中污染物监测的点位布置原则。监测井的布置应综合考虑地块的具体情况，确保监测数据的全面性和代表性，为评估竖向阻隔屏障的效果提供准确的数据支持，监测井数量可根据实际情况调整。地下水监测井应邻近竖向阻隔屏障布设，目的是及时掌握污染物击穿屏障引起失效情况。

本条第1款地下水监测井的布设示意图见图2。长三角地区地下水流动缓慢，且易受季节和人为干扰，导致上、下游关系不明显，此时，宜在地形低洼处或可能水流汇聚区域、屏障连接处、人类活动频繁或环境敏感区域增加监测井数量。

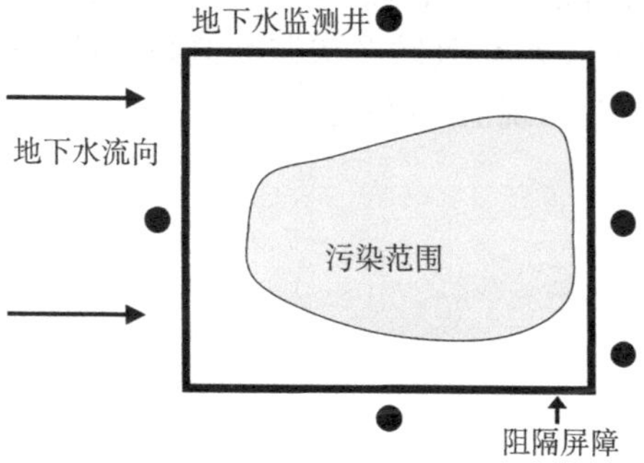

图2　地下水监测井布设示意图

本条第4款监测井深度的确定应考虑下列因素：

污染物类型：不同类型的污染物在地下水中的迁移行为不同，监测井的深度应能够覆盖污染物的主要迁移路径。

污染深度：监测井应设置在污染物可能存在的深度范围内，确保能够准确监测到污染物的浓度变化。

地质条件：土层类型、渗透性等地质条件会影响污染物的迁移和监测井的有效性，监测井的深度应根据不同地质条件进行调整。

阻隔屏障深度：监测井深度应与阻隔屏障深度相匹配，确保能够有效监测阻隔屏障下方和周围的污染物情况。

5.3.2 本条规定了竖向阻隔效果评估中污染物监测的采样频次。

本条第1款规定每个季度应采集1个批次的样品，确保了效果评估期间至少应有4个批次的样品，可以提供足够的数据，进行统计分析和判断污染物的变化趋势；同时，2个批次的采样间隔应不少于1个月，确保了采样时间的合理分布，避免采样过于集中，从而更准确地反映污染物的动态变化。

本条第3款规定地下水监测井中目标污染物浓度出现异常情况时，应立即增加监测频次，以便及时发现和处理潜在的环境风险；参照行业标准《工业企业土壤和地下水自行监测技术指南》HJ 1209—2021第7条，连续2次监测值高于该点位前次监测值30%以上，可认为出现上升趋势。

6 采样与试验

6.1 一般规定

6.1.2 检测、监测点位应进行平面和高程测量，其测量精度应符合现行行业标准《城市测量规范》CJJ/T 8 或《卫星定位城市测量技术标准》CJJ/T 73 的有关规定，测量宜采用项目所在地相对独立的平面坐标系统和高程系统。

6.2 钻孔取芯

6.2.2 本条第 1 款规定了芯样采取率不小于 80%，以确保竖向阻隔效果评估的可靠性。

6.2.3 本条第 4 款规定了钻芯孔垂直度偏差不得大于 1/300，是为了避免钻孔偏出竖向阻隔墙体。为有效保障垂直度偏差处于允许范围之内，施工时可选用导向钻具纠偏技术和实时测斜仪纠偏技术等专业手段。然而，在复杂地层中，施工难度大，垂直度偏差可放宽至 1/200。

6.3 监测井建设与采样

6.3.5 本条规定了地下水采样洗井和采集样品的技术要求。目前，地下水采集尚未构建起实时数据收集和远程监控的数字化平台。未来，现场数据采集将朝着智能化、自动化采样方向发展。

6.4 原位渗透试验和连通抽水试验

6.4.1 本条规定了当竖向阻隔屏障墙体抗压强度小于或等于 3.0 MPa 时渗透系数的试验方法。对于抗压强度小于 3.0 MPa 的阻隔屏障,钻孔内的试验压力过大可能对屏障完整性造成破坏,故建议采用注水试验测定渗透系数。适用的墙体材料类型包括水泥土、原位土-水泥-膨润土、水泥-膨润土、原位土-膨润土,以及抗压强度小于 3.0 MPa 的塑性混凝土和混凝土。

6.4.2 本条规定了当竖向阻隔屏障墙体抗压强度大于 3.0 MPa 时渗透系数的试验方法。对于抗压强度大于 3.0 MPa 的阻隔屏障,常规压水试验不会破坏墙体的完整性,故建议采用压水试验以提高试验效果。当钻孔采用自上而下逐段钻进、逐段压水时,宜采用单栓塞隔离;对于墙体完整、孔壁稳定的孔段,可连续钻进不超过 40 m 的深度,用双栓塞分段隔离进行压水试验。适用的屏障材料类型包括抗压强度大于 3.0 MPa 的塑性混凝土和混凝土。宜按三级压力五个阶段进行,最大压力 P_3 宜为 1.0 MPa。墙体强度较低或为避免墙体破坏可按下列规定调整最大压力值:试验段深度小于 15 m 时,P_3 为 0.3 MPa;试验段深度为 15 m~30 m 时,P_3 为 0.6 MPa;试验段深度大于 30 m 时,P_3 为 1.0 MPa。

6.4.3 本条规定了连通抽水试验的基本要求。工程实践表明抽水井水位降深一般大于 5 m 时观测效果较为理想,实际降深可根据场地水文地质条件进行适当调整。对于含水层较薄的场地或采用悬挂式阻隔屏障的场地,不建议开展连通抽水试验。试验位置宜选择墙体搭接、转角等薄弱处,以及地质条件变化较大的区域。示踪剂的投放方法主要有两种:①通过装有指示剂溶液的圆通(底部带锥形活门)使溶液溢入孔内;②将带两个孔的圆通(筒上部小孔接有胶管通地面)放入预定深度,沿胶管将溶液注入井内。示踪剂的测定方法主要有化学方法、比色法、电解法、充电法及放射性示踪原子法等。

6.5 工程物探检测

6.5.1 与传统的检测方法相比，工程物探为无损检测，具有检测效率高、成本低等优点，可在竖向阻隔屏障施工完成后定期或不定期开展，能够及时对竖向阻隔屏障的连续性、完整性进行评价，为制定合理的维护和修复方案提供依据。工程物探检测宜先采用阵列地电场法在水平方向初步判断竖向阻隔屏障的连续性、完整性情况，再用电阻率层析成像法在竖向方向判断竖向阻隔屏障的连续性、完整性情况。

6.5.4 当采用阵列地电场法时，为有效消除负电极 B 对电极 M 观测结果的影响，当负电极 B 与电极 M 的间距大于 5 倍探测深度时，负电极 B 对电极 M 检测结果的影响较小，可忽略不计。测线与竖向阻隔屏障边线间距、相邻测线间距宜为 1 m～3 m。间距过小，则相邻测线之间电磁场可能相互干扰，影响测量结果的准确性；间距过大，则会导致探测精度下降、数据采集不完整。

6.5.5 本条第 1 款污染物侧降水可在竖向阻隔屏障两侧水头差满足渗透情况下，由竖向阻隔屏障外侧向内侧渗透，防止污染物向外侧渗透。

本条第 2 款可通过收集污染物类别信息判断污染物为高阻或低阻。

本条第 4 款在检测过程中，需在降水前后分别开展电阻率层析成像法进行连续性与完整性检测，并对两次检测结果进行对比，可以更全面地了解竖向阻隔屏障在不同水位条件下的连续性与完整性情况及变化。当竖向阻隔屏障两侧首次检测已经存在水位差时，也需进行降水操作。

6.6 实验室检测

6.6.2 本条规定了室内渗透试验的具体要求。水泥系试件在进行室内渗透试验时，当试件与侧壁间渗漏影响测试结果时，可采用石蜡加松香或水泥加黄油等材料进行试件密封。如条件允许，可采用基于常规三轴仪的柔性壁渗透仪，以提高渗透试验测试精度。

7 效果评估

7.1 一般规定

7.1.1 本条规定了竖向阻隔屏障效果评估需结合资料审查、现场试验、室内试验共同进行，且应在阻隔屏障施工质量合格的基础上开展评估工作，以避免因数据片面性或施工缺陷导致评估结论失真。

7.2 评估标准

7.2.1～7.2.3 此三条规定了竖向阻隔屏障的工程性能指标评估标准。当出现复杂环境下的工程性能劣化情况时，如在地下水位变化较大或温差较大等区域，屏障可能受到高温暴晒、干湿循环和冻融循环等环境因素的不利影响，此时还应根据设计需求评估阻隔屏障在不利环境影响下的工程性能，以确保其长期服役性能。

7.2.4 本条规定了竖向阻隔效果评估时污染物指标的评价标准。当阻隔管控区域周围有其他污染源时，还应综合考虑其他污染源对污染物指标监测的影响，避免其影响阻隔效果的评估结果。

7.3 评估方法

7.3.1～7.3.2 此两条规定了竖向阻隔效果评估的基本要求，参照了行业标准《污染地块地下水修复和风险管控技术导则》

HJ 25.6—2019 第 10.3.6 条的规定。竖向阻隔效果评估方案必须通过对前期相关资料进行分析，了解设计要求、施工工艺以及施工中出现的异常情况等进行确定。同时，对检验方法的适用性和局限性应有足够认识，当采用一种检验方法的检验结果具有不确定性时，应采用其他检验方法进行验证。

8 后期环境监管建议

8.0.1 竖向阻隔屏障在长期运行过程中，可能会受到各种自然和人为因素的影响，如地质条件变化、外力破坏等，导致阻隔屏障的完整性、稳定性受损，从而使污染物的迁移路径发生变化，影响阻隔效果。为确保竖向阻隔效果的持续性，本条对后期环境监管提出建议。通过长期环境监测可以及时掌握污染物的动态变化情况，评估阻隔效果；制度控制则从管理层面规范地块的使用和相关活动，减少对阻隔屏障的干扰和破坏。二者结合形成全方位的监管体系，提高环境监管的有效性。

8.0.2 长期环境监测对象主要为地下水，必要时可采用钻孔取芯、连通抽水试验、工程物探检测等方法检测竖向阻隔屏障的抗压强度、渗透性能、屏障均匀性、连续性与完整性。

8.0.3 对于风险高、人员密集或往来频繁及社会关注度高的典型污染地块，应设置视频探头、扬声器、无人机等进行地块影像监控及事件报警，影像资料应长期保存，定期排查安全隐患。